KB197587

사이언스 리더스
얼음 대륙의
펭귄

앤 슈라이버 지음 | 김아림 옮김

 비룡소

앤 슈라이버 지음 | 초등학교 교사로 일하다가 현재는 어린이 콘텐츠 기획자이자 작가로 20년 넘게 활동하고 있다. 「신기한 스쿨버스」 시리즈를 TV 애니메이션으로 개발하였고, 그 밖에 다수의 어린이 콘텐츠 개발에 참여하였다.

김아림 옮김 | 서울대학교에서 공부하고 같은 대학원 과학사 및 과학철학 협동 과정에서 석사 학위를 받았다. 출판사에서 과학책을 만들다가 지금은 책 기획과 번역을 하고 있다.

내셔널지오그래픽 키즈 사이언스 리더스
LEVEL 2 얼음 대륙의 펭귄

1판 1쇄 찍음 2025년 1월 20일 1판 1쇄 펴냄 2025년 2월 20일
지은이 앤 슈라이버 옮긴이 김아림 펴낸이 박상희 편집장 전지선 편집 유채린 디자인 신현수
펴낸곳 (주)비룡소 출판등록 1994.3.17.(제16-849호) 주소 06027 서울시 강남구 도산대로1길 62 강남출판문화센터 4층
전화 02)515-2000 팩스 02)515-2007 홈페이지 www.bir.co.kr 제품명 어린이용 반양장 도서 제조자명 (주)비룡소
제조국명 대한민국 사용연령 3세 이상 ISBN 978-89-491-6916-3 74400 / ISBN 978-89-491-6900-2 74400 (세트)

NATIONAL GEOGRAPHIC KIDS READERS LEVEL 2
PENGUINS by Anne Schreiber

사진 저작권 Cover: © Frans Lanting/Corbis; 1: © DLILLC/Corbis; 2: © Bryan & Cherry Alexander/ Seapics.com; 4-5: © Shutterstock; 8 (left), 32 (bottom, right): © Marc Chamberlain/Seapics.com; 6-7, 32 (top, right), 32 (middle, right): © Martin Walz; 8-9: © Bill Curtsinger/National Geographic/Getty Images; 8 (left inset), 14-15: © Seth Resnick/Science Faction/Getty Images; 8 (bottom inset): © Fritz Poelking/V&W/Seapics.com; 9 (top inset), 26 (top, left): © Shutterstock; 9 (right inset): © Worldfoto/Alamy; 10-11, 14 (inset), 32 (top, left), 32 (bottom, left): © Paul Nicklen/National Geographic/Getty Images; 12: © Jude Gibbons/Alamy; 13: © Martin Creasser/Alamy; 16, 32 (middle, left): © Colin Monteath/Hedgehog House/Getty Images; 17: © Kim Westerskov/Getty Images; 18: © Maria Stenzel/Corbis; 19: © blickwinkel/Lohmann/Alamy; 20, 22: © DLILLC/Corbis; 21: © Sue Flood/The Image Bank/Getty Images; 23: © Graham Robertson/Minden Pictures; 24-25: © Paul Souders/Photodisc/Getty Images; 26-29 (background): © Magenta/Alamy; 26 (top, center), 26 (bottom, right): © Tui de Roy/Minden Pictures; 26 (top, right): © Barry Bland/Nature Picture Library; 26 (bottom, left): © Kevin Schafer/Alamy; 27 (top, left), 29 (top, left): © W. Perry Conway/Corbis; 27 (top, right): © Rolf Hicker Photography/ drr.net; 27 (bottom, left): © Sam Sarkis/Photographer's Choice/Getty Images; 27 (bottom, right): © Zach Holmes/Alamy; 28 (top, left): © Konrad Wothe/Minden Pictures/Getty Images; 28: (top, right): © Tom Brakefield/Photodisc/Getty Images; 28 (bottom, left): © Ingrid Visser/Seapics.com; 28 (bottom, right): © T.J. Rich/Nature Picture Library; 29 (top, right): © Naturephoto-Online/Alamy; 29 (bottom, left): © Photodisc/Alamy; 29 (bottom, right): © Bryan & Cherry Alexander/Alamy; 30: © Solvin Zankl/drr.net; 31 (top, left): © Andy Rouse/Corbis; 31 (bottom, left): © Darrell Gulin/Photographer's Choice/Getty Images; 31 (right): © David Tipling/The Image Bank/Getty Images; 32 (bottom, right): © Michael S. Nolan/Seapics.com

이 책의 차례

깜짝 퀴즈,
나를 맞혀 봐!

펭귄 중에서 가장 몸집이 큰
황제 펭귄

대부분 바다에서 지내지만 물고기는
아니고, 새지만 날지 못하고 뒤뚱뒤뚱
걸어 다니는 동물이 뭐게?
힌트! 세계에서 가장 추운 지역에
많이 살고 있어.

눈치챘니? 맞아, 바로 펭귄이야!

펭귄이 사는 곳

적도

남아메리카

펭귄 용어 풀이

적도: 북극과 남극으로부터 같은 거리에 있는 점을 이은 선.

남극: 지구의 남쪽 맨 끝에 있는 대륙.

해안: 바다와 육지가 맞닿은 부분.

빙하: 천천히 움직이는 거대한 얼음덩어리.

남극

펭귄은 대부분 **적도**와 **남극** 사이에서 살아.
무지무지 추운 곳에서 사는 펭귄도 있고,
아프리카나 오스트레일리아의 **해안**같이 더
따뜻한 곳에서 사는 펭귄도 있어.

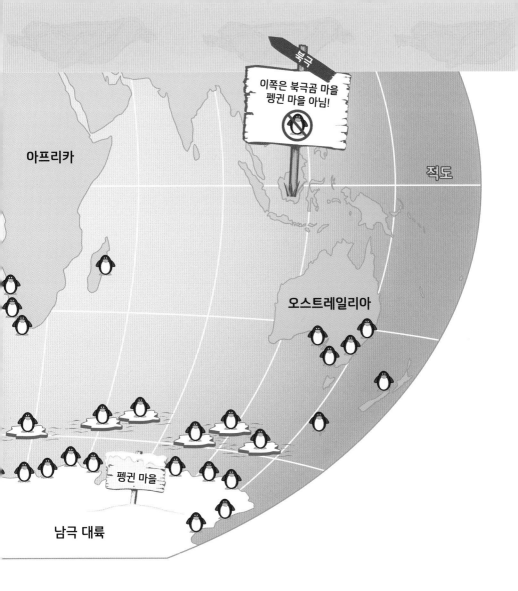

펭귄은 섬이나 차가운 바다 위에 떠 있는
빙하에서도 살아. 이렇듯 펭귄은 물과 가까운
곳에서 지내고 있어. 많은 시간을 물속에서
보내거든.

펭귄의 몸 살펴보기

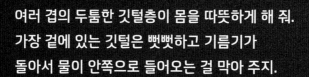

황제펭귄

물갈퀴가 달린
큼직한 발로 헤엄칠 때
방향을 잡아.

여러 겹의 두툼한 깃털층이 몸을 따뜻하게 해 줘.
가장 겉에 있는 깃털은 뻣뻣하고 기름기가
돌아서 물이 안쪽으로 들어오는 걸 막아 주지.

펭귄은 바다에서 살기 딱 알맞은 새야. 빠르게 헤엄칠 수 있고, 두터운 지방이 몸을 감싸고 있어서 매서운 추위도 잘 견뎌.

펭귄은 지느러미 모양의 단단한 날개를 움직이면서 물속을 헤엄쳐. 마치 노를 저어 배를 움직이는 것과 비슷해.

펭귄의 눈은 물속에서도 앞을 잘 볼 수 있어.

펭귄 용어 풀이

물갈퀴: 발가락 사이에 있는 엷은 막으로 헤엄칠 때 쓰는 기관.

지느러미: 물에 사는 동물이 물속에서 균형을 잡고 헤엄치는 데 쓰는 기관. 등, 배, 가슴, 꼬리 등에 붙어 있다.

펭귄의 등은 검은색이야. 물 위에서 보면
바다의 푸른색과 섞여 눈에 잘 띄지 않아.
반면 배는 연한 흰색으로, 물속에서 볼
때 햇빛과 섞여 잘 보이지 않지. 고래나
바다표범 같은 포식자의 눈을 피해
살아남기에 딱 알맞은 털색인 거야.

만약 포식자와 마주쳤다면? 지느러미 모양의
날개로 세차게 헤엄쳐서 도망쳐! 펭귄은
1시간에 약 24킬로미터를 헤엄칠 수 있어.
더 빨리 가고 싶을 땐 돌고래처럼 물 위로
펄쩍 뛰어오르면서 헤엄친단다.

남극의 날쌘돌이 젠투펭귄이야.
펭귄 중에서 꼬리가 가장 길어.

**펭귄
용어 풀이**

포식자: 다른 동물을
사냥해서 잡아먹는 동물.

펭귄의 식사 시간

머리에 난 흰 줄무늬가
매력적인 훔볼트펭귄이야.
훔볼트펭귄이 저녁거리를 잡았어.

바다에는 맛 좋은 물고기가 엄청 많아!
그래서 펭귄은 주로 물고기를 먹어. 뾰족하고
구부러진 부리로 미끄러운 물고기를 콱
잡고는, 혀와 목구멍에 돋아 있는 날카로운
가시로 붙들어서 꿀꺽 삼키지.
그런데 아무리 맛있는 물고기라도 짜디짠
바닷물과 함께 먹어야 한다면 곤란하겠지?
다행히 펭귄은 그런 걱정은 없어. 바닷물에서
소금기를 걸러 낼 수 있거든. **민물**만 마시고
소금 찌꺼기는 바다로 흘려보내지!

펭귄 용어 풀이

민물: 강이나 호수처럼
소금기가 없는 물.

**펭귄
용어 풀이**

해양 포유류: 대부분 바다에서 지내는
포유류. 새끼를 낳아 젖을 먹여 기르는 동물을
포유류라고 한다.

펭귄은 범고래, 바다표범 같은 **해양 포유류**의
먹잇감이기도 해. 그러니까 항상 조심해야
하지. 밥 먹을 때도 긴장을 풀어선 안 돼.
저녁밥을 맛있게 먹다가 저녁밥이 될 수는
없잖아?

젠투펭귄이 도둑갈매기에 맞서고 있어.

육지도 안전하지는 않아. 도둑갈매기나
흰배바다수리, 남방큰바다제비 같은
새들이 펭귄을 호시탐탐 노리거든. 심지어
고양이, 뱀, 여우, 쥐도 틈만 나면 펭귄을
잡아먹으려고 덤비지.

무리 생활을 하는 펭귄

엄청나게 큰 킹펭귄 무리야!
킹펭귄은 등이 은회색, 배는 흰색이야.
그런데 새끼는 생김새가 좀 달라.
몸 전체가 갈색빛이 도는 회색 솜털로 뒤덮여 있어.

펭귄 용어 풀이

짝짓기: 동물의 수컷과 암컷이 짝을 이뤄 자손을 남기는 것.

육지에서 펭귄들은 보통 수천에서 수백만 마리가 무리를 지어 살아. 그러다 날씨가 너무 추워지면 서로 몸을 바짝 맞대고 서로의 체온으로 추위를 견디지.

극한의 추위를 함께 견디는 킹펭귄 무리

펭귄들은 짝짓기 철이 되면 알을 낳을 곳으로 함께 걸어가. 그리고 도착하면 **짝짓기** 상대를 찾으려고 멋지게 뽐내면서 걷거나, 고개를 까딱이거나, 춤추고 노래하지! 그렇게 짝이 된 펭귄들은 여러 해를 함께 보내.

새끼가 태어났어!

어미가 품고 있는 새끼 턱끈펭귄

펭귄은 대부분 한 번에 알을 2개씩 낳아. 하지만 그중 하나에서만 새끼가 태어나는 경우가 많지. 어미 펭귄과 아비 펭귄은 둥지를 짓고 번갈아 가며 알을 품어. 새끼가 알에서 나오면 몸을 따뜻하게 하고 먹이를 준단다. 몇 주가 지나면 어미, 아비 펭귄은 새끼들만 남겨 놓고 먹이를 찾으러 떠나. 그동안 새끼들은 도둑갈매기, 독수리 같은 동물들의 먹잇감이 될 위험에 놓이지!

어미, 아비 펭귄을 기다리는 아델리펭귄 새끼들

새끼 아델리펭귄이
부모 펭귄을 부르는 중이야.
털갈이 중이라 회색 솜털이
숭숭 빠져 있어.

새끼에게 먹이를 주는 젠투펭귄

마침내 어미 아비 펭귄이 먹이를 구해 집으로 돌아왔어! 어미 아비 펭귄은 무리 속 수많은 새끼 펭귄들 사이에서 자기 새끼를 쏙쏙 잘 찾아. 새끼 펭귄이 자기를 쉽게 찾을 수 있도록 특별한 소리를 내기 때문이야. 그렇게 모두 모인 펭귄 가족은 몇 달이 지나면 바다로 돌아가.

황제펭귄 가족의 탄생

보금자리를 찾아 행진 중인
황제펭귄

황제펭귄이 알을 낳을 장소를 찾아가는 길은
꽤 힘들어. 황제펭귄은 지구에서 가장 추운
남극을 보금자리로 삼거든. 게다가 다른
펭귄에 비해 바닷가에서 더 멀리 떨어진
곳에 자리를 잡아. 그래서 매서운 눈보라를
뚫고 며칠 밤낮을 꼬박 걸어야 하지.

알을 낳은 뒤에 어미 황제펭귄은 알을
아비에게 맡기고 먹이를 찾아 떠나. 그러면
아비는 발등과 아랫배
사이에 알을 놓고

따뜻하게 품지. 아비는
어미가 돌아올 때까지
혼자서 알을 돌봐.

모두 모인
황제펭귄 가족

24

어미 황제펭귄은 넉 달이 넘게 집을 떠나
있어. 그동안 아비는 다른 수컷 펭귄들과
한데 모여 몸을 딱 붙인 채로 알을 따뜻하고
안전하게 지키지. 이때 아비는 주변의 눈만
먹으면서 버틴다고 해.

알에서 새끼가 태어나고 시간이
흘러 어미가 돌아오면, 이번에는
아비가 먹이를 찾아 바다로 나가.
그렇게 어미와 아비가 번갈아
먹이를 구하다가 새끼가 어느 정도
크면 황제펭귄 가족이 다 같이 먹이를
구하러 떠나.

지구 펭귄 총집합!

갈라파고스펭귄
약 50센티미터

쇠푸른펭귄
약 30~33센티미터.
펭귄 중에 가장 작아.

펭귄들 가운데 가장
다양한 소리를 내.

스네어스펭귄
약 50~70센티미터

피오르드랜드펭귄
약 60센티미터

볏왕관펭귄
약 50~70센티미터

지구에는 펭귄이 17종 살아. 하나씩 만나
보면서 키가 얼마나 큰지도 알아보자.

바위뛰기펭귄
45~58센티미터

노란눈펭귄
약 65~79센티미터

당나귀 울음소리 같은
시끄러운 소리를 내.

마젤란펭귄
약 67센티미터

자카스펭귄
약 60~70센티미터

마카로니펭귄
약 76센티미터

로열펭귄
약 70~80센티미터

펭귄 중에서 가장 빨리 헤엄쳐.

턱끈펭귄
약 68센티미터

젠투펭귄
51~90센티미터

아델리펭귄
약 75센티미터

훔볼트펭귄
약 67센티미터

펭귄은 어딜 가든 알을 갖고
다녀서 둥지를 만들지 않아.

킹펭귄
약 90센티미터

황제펭귄
약 122센티미터
펭귄 중에
가장 커!

펭귄들의 장기 자랑

펄쩍 뛰기: 바위뛰기펭귄은 점프를 무지무지 잘해. 약 1.5미터 높이까지 훌쩍 뛰어오를 수 있지.

바위뛰기펭귄

펭귄 장기 자랑이 열리면 볼거리가 가득할 거야. 재주가 많은 새거든.

마카로니펭귄

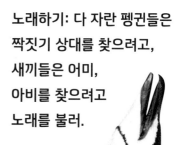

노래하기: 다 자란 펭귄들은 짝짓기 상대를 찾으려고, 새끼들은 어미, 아비를 찾으려고 노래를 불러.

썰매 타기: 펭귄들은 꽁꽁 언 언덕에서 발이나 배로 쭈욱 미끄러져 내려와. 마치 썰매를 타듯이 말이야!

킹펭귄

파도타기: 펭귄은 파도타기도 잘해. 가끔은 파도를 타다가 곧장 육지로 착 내려오기도 해!

턱끈펭귄

해안
바다와 육지가 맞닿은 부분.

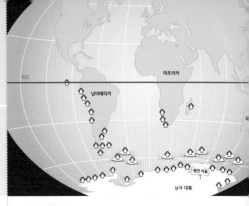

적도
북극과 남극으로부터 같은 거리에 있는
점을 이은 선.

이 용어는
꼭 기억해!

해양 포유류
대부분 바다에서 지내는 포유류.

물갈퀴
발가락 사이에 있는 엷은 막으로 헤엄칠
때 쓰는 기관.

짝짓기
동물의 수컷과 암컷이 짝을 이뤄 자손을
남기는 것.

빙하
천천히 움직이는 거대한 얼음덩어리.